Constanze Kleis

DAS KLEINE BUCH DER GROSSEN MYTHEN

Karriere

DAS KLEINE BUCH DER GROSSEN MYTHEN

Karriere

Constanze Kleis

Frankfurter Allgemeine Buch

Bibliografische Information der Deutschen Nationalbibliothek
Die Deutsche Nationalbibliothek verzeichnet diese Publikation in der Deutschen Nationalbibliografie; detaillierte bibliografische Daten sind im Internet über http://dnb.dnb.de abrufbar.

Frankfurter Allgemeine Buch

Frankfurter Allgemeine Buch
Frankenallee 71–81
60327 Frankfurt am Main

Umschlag, Layout und Satz: Zarka Ghaffar
Druck: CPI books GmbH, Leck
Printed in Germany

1. Auflage
Frankfurt am Main 2020
ISBN 978-3-96251-085-5

Mir hat auch *niemand* **gesagt, wie man** *Kapitalist* **wird.**

Dagobert Duck

Inhalt

Karriere wird gemacht ...

Wie geht Erfolg? Was muss man tun, um ganz nach oben zu kommen? Diese Frage bewegt die Menschen, seit der erste festgestellt hat, dass ein anderer mehr hat als er: mehr Macht, mehr Besitz, mehr Bedeutung, mehr Anerkennung. Ebenso lange suchen wir nach Wegen, die uns zuverlässig den Aufstieg bringen. Zumal es ja durchaus menschenmöglich zu sein scheint. Schließlich schaffen es auch andere immer wieder auf Chefsessel, in Vorstände und Führungspositionen mit Einfluss und damit auch zu geradezu legendären Spitzeneinkommen.

Aber wie? Was machen sie anders als die, die in den Niederungen der Arbeitswelt hängen bleiben? Dort, wo man seinen Namen noch buchstabieren muss und gar nicht erst versuchen sollte, was ein prominenter Fernsehkoch kürzlich an einem der Abfertigungsschalter des Frankfurter Flughafens lautstark reklamierte: „Wissen Sie eigentlich nicht, WER ich bin?!"

Stimmt, was der Volksmund sagt, dass es ohne Fleiß keinen Preis gibt? Aber warum werden dann zum Beispiel Altenpflegerinnen so schlecht bezahlt? Was ist mit dem Gerücht, dass jeder seines Glückes Schmied sein soll? So wie es der Erfinder, Politiker und Autor Benjamin Franklin in den seinerzeit noch nicht Vereinigten Staaten von Amerika in die Welt setzte? Bereits mit 20 Jahren hatte er sich 13 Tugenden erdacht, mit denen er und schließlich jeder andere aus eigener Kraft seines Schicksals Lenker werden würde. Sein Credo „Was hilft es, bessere Zeiten zu wünschen und zu hoffen? Ändert euch nur selbst, so ändern sich auch die Zeiten." Damit wurde er immerhin Präsident. Aber wie hat es dann sein Nachfolger Donald Trump 300 Jahre später auch ohne eine einzige der Franklin-Tugenden an die Spitze der USA geschafft?

Umgekehrt haben sicher sehr viele Frauen über diese Tugenden verfügt, aber längst nicht mit dem gewünschten und erwarteten Erfolg. Das führt zur nächsten Idee, wie man Karriere machen könnte: Einfach das zu tun, was andere getan haben, um so weit zu kommen. Sich die Karriere bei anderen abzugucken und also die Biografien der Erfolgreichsten zu lesen. Offenbar ein großes Bedürfnis. Der Buchmarkt ist seit Jahrzehnten voller Wegweiser an die Spitze, verfasst von Menschen, die dort längst ihr Basislager aufgeschlagen haben und nun mit der Aussicht locken, ihre vermeintlichen Generalschlüssel für die Sonnenseiten des Arbeitslebens gern weiterzugeben. Daneben offerieren auch Erfolgscoaches, Karriereberater, Motivationstrainer, Seminaranbieter, Lebenshilfe-

Experten uns Suchenden Steigbügel für die Spitzenplätze des Lebens. Natürlich mit Erfolgsgarantie.

Dabei haben sich in den vergangenen Jahren wie das Gold aus dem Schlamm des Klondike ein paar vermeintlich todsichere Steilvorlagen für den Aufstieg herauskristallisiert. Es sind acht Karriere-Glaubenssätze, über die seltene Einigkeit herrscht. Als wäre Moses damals noch mit einer zusätzlichen Steintafel vom Berg Sinai gekommen – auf der unter anderem zu lesen war, „Du brauchst einen Auslandsaufenthalt" oder „Ohne Coaching geht nichts". Mittlerweile gelten die vermeintlichen Leuchtstreifen an die Spitze als so zuverlässig, dass keiner mehr fragt: Stimmt das überhaupt? Was bringen diese Regeln? Führen sie tatsächlich ans Ziel oder doch bloß in eine Sackgasse? Gibt es nicht lohnendere Erfolgsbeschleuniger?

Fragen, die in diesem kleinen Büchlein beantwortet werden. Es widmet sich den acht größten Karrieremythen und stellt somit die ganze Herde goldener Kälber auf den Prüfstand, um die sich so viele Erwartungen und Hoffnungen ranken. Am Ende werden Sie vielleicht klüger sein, möglicherweise Ihren eigenen Weg gefunden haben – aber ganz sicher eine Erfolgs-Fake-News von einem wirklich wertvollen Tipp unterscheiden können. ●

Die Strafe für den *Erfolg* liegt darin, dass man mit Leuten *zusammentreffen* muss, die man früher meiden konnte.

Norman Mailer

Mythos 1
Jeder Aufstieg braucht ein Netzwerk

„Mittagessen ist für Verlierer!", meinte einst Börsenspekulant Gordon Gekko in dem Film „Wall Street". Der ist einige Jahre alt, aber das hat nichts an der Kernbotschaft geändert: Die bloße Nahrungsaufnahme in der großen Arbeitspause bringt einen nicht voran. Es sei denn, man verbindet das Angenehme mit dem Nützlichen, also den Lunch mit dem Networking. Wie man überhaupt möglichst keine Gelegenheit auslassen sollte, emsig Beziehungen zu knüpfen. Zu den „richtigen" Menschen, also zu solchen mit Karriere-Mehrwert.

„Geh nie allein essen" lautet deshalb nicht nur der Titel eines Buches von US-Network-Guru Keith Ferrazzi, sondern auch der Imperativ für Aufsteiger. Das Credo: Gute Beziehungen sind der Anfang von allem. Befeuert wird die Theorie von Studien, die bestätigen, dass sich der Aufstieg keinesfalls vor allem exzellenten Abschlüssen und Leistungen verdankt. Das sei, so Christian Stegbauer, Netzwerkforscher und Professor an der Goethe-Universität in Frankfurt am Main, ohnehin nur ein Ideal, das wir

„in Wahrheit nirgendwo verwirklicht" finden. „Auf dem Papier kann ein Bewerber noch so gut sein – im Zweifel sind dem Arbeitgeber die Nähe und Loyalität eines anderen wichtiger" (SPIEGEL, 26.08.2017). Wir mögen, was bekannt ist, weil es uns vertraut vorkommt, und eben nicht den unbekannten Überflieger, also die sprichwörtliche Katze im Sack. Das macht das legendäre „Vitamin B", zum bevorzugten Türöffner und das Netzwerk zum Schlüsseldienst für den Erfolg.

Laut Schätzungen des Instituts für Arbeitsmarkt- und Berufsforschung werden etwa ein Viertel der neu besetzten Stellen über persönliche Kontakte vergeben. Kein Wunder, wenn der Netzwerkkosmos als Hoffnungsträger für den Erfolg mittlerweile fast mehr Sterne zählt als die Milchstraße. Darunter kostenpflichtige Platzhirsche wie Xing oder LinkedIn, deren Nutzerzahlen sich in den vergangenen fünf Jahren mehr als verdoppelt haben. So zählt Xing 17 Millionen User. LinkedIn kommt auch auf stattliche 14 Millionen im deutschsprachigen Raum. Daneben gibt es sicher Tausende branchenbezogene und fachspezifische Netzwerke, Business-Clubs und Interessenverbände, Alumnivereinigungen und die Dinosaurier der Szene – die so genannten Service-Clubs wie der 1905 gegründete Rotary Club und der 1917 gegründete Lions Club. Nicht zu vergessen auch die Studentenverbindungen, deren Geschichte teilweise bis ins 19. Jahrhundert zurückreichen und die gleichfalls als höchst erfolgreiche Vereinigungen zur gegenseitigen Postenvergabe gelten. Sie alle veranstalten jeweils übers Jahr Dutzende von Treffen, Vorträgen, Tagungen, Fortbildungen, die alle dem guten Zweck dienen, Erfahrungen auszutauschen, den Jobhorizont zu erweitern, noch mehr Visitenkarten zu sammeln. Da kommen pro Kopf und Branche schon mal Terminlisten zusammen, die sich wie der Tourplan eines Grippevirus lesen und man fragt sich, wie man eigentlich vor lauter Business-Tindern noch zum Arbeiten kommen soll.

Aber das ist nicht das einzige Mysterium. Das nächste: Wie soll man es schaffen, all die Kontakte wirklich zu pflegen? Selbst wenn man deutlich weniger hat als Keith Ferrazzi – der sich brüstet, gleich 5000 Menschen zu seinem privaten Netzwerk zu zählen (und vermutlich nebenbei noch eine Druckerei betreibt, für all die Weihnachts-, Geburtstags-, Jubiläums- und Neujahrskarten). Immerhin bringt es allein der durchschnittliche Xing-User in seinem Kontakte-Portfolio auch auf 200 Geschäftsbeziehungen, nicht mitgezählt, die, die außerdem noch in analogen Netzwerken frisch gehalten werden wollen. Und selbst wenn man es – mit Unterstützung von Online-Kalender und Excel-Tabellen schafft, sich regelmäßig bei allen einmal zu melden – nivelliert diese Wahllosigkeit nicht, worum es doch eigentlich geht: eine gewisse Exklusivität, eine, die sich deutlich von einer zufälligen Anwesenheit auf demselben Planeten unterscheidet?

Können wir das überhaupt, uns einander nach dem Gießkannenprinzip qualifiziert beurteilen und empfehlen? Zumal Forscher der Meinung sind, dass unsere Beziehungskapazitäten doch arg beschränkt sind. Laut dem britischen Anthropologen Robin Dunbar beträgt unser Fassungsvermögen, das wir noch leidlich „managen" können – je nach Hirnkapazitäten –, durchschnittlich 150 Beziehungen. In dieser Zahl sind dann aber auch engste Freunde, die Familie, die oder der Liebste, die Schulkameraden, die Kollegen der letzten Arbeitsstellen enthalten. Das hat Sinn, schließlich muss man sich schon ein wenig nähergekommen sein, um eine Beziehung mit Gefälligkeiten zu belasten oder sich Schürfrechte an den so kostbaren Ressourcen eines anderen zu erwerben: seine Aufmerksamkeit, seine Kontakte, seine

Unterstützung. Aber das braucht Zeit. Zumal der Witz am Klüngeln, an Seilschaften und Buddytum bislang gerade der war, die Grenzen zwischen privat und beruflich eben möglichst fließend zu halten. Das geschah vor Xing & Co. traditionell auf Golfplätzen, in Fußballstadien, Yachtclubs, Opernlogen und Table-Dance-Clubs. Dort lernte man den Menschen hinter dem Curriculum Vitae kennen und damit die Eigenschaften, die letztlich den Ausschlag geben, ob man einen weiterempfehlen oder ihn täglich bei der Arbeit sehen mag. Und nicht nur das. Man traf auch Menschen jenseits des eigenen beruflichen Horizontes und erweiterte damit seinen Aktionsradius. Daneben leistete diese informelle Art des Netzwerkens wertvolle Beiträge zur Diversität – also zur schönen Vielfalt. Mit Strahlkraft auf das berufliche Fortkommen. Ein recht aufwendiges Verfahren zwar, aufwendiger jedenfalls, als sich per Xing zur neuen Position zu gratulieren, aber eines, bei dem man sich tatsächlich näher kam, um damit erst jene Art von Beziehung zu knüpfen, die man später vielleicht wirklich mit einer Empfehlung strapazieren kann.

Ob das so professionell durchorganisierte „Matchen“ von vermeintlich Passendem da mithalten kann, darf bezweifelt werden. Und nicht nur, weil bei der angestrebten Quantität schon aus Gründen des Energiemanagements bei der Beziehungsqualität Abstriche gemacht werden müssen. Das Problem mit den Netzwerken liegt ja vor allem auch in den Lösungen, die sie anbieten: Gleiche mit Gleichen zu verbandeln, Leute zusammenzubringen, die in denselben Branchen, in demselben beruflichen Kosmos unterwegs sind. Netzwerke sind wie Dörfer, und wie dort spricht sich ja nicht nur das Positive sehr schnell herum, sondern auch die Kündigung ebenso wie die Pleite oder das Versagen – kurz: Wenn einer es nicht drauf hat.

Schwer, da noch einmal wirklich auf „Start" zurückzugehen und vorbehaltlos ganz von vorne anfangen zu können. Und auch: offen zu bleiben für Neues. Immer läuft das Profinetzwerk Gefahr, betriebsblind zu werden und sich neuen und anderen Informationen und Interaktionspartnern gegenüber zu verschließen. Nicht gerade ideale Wachstumsbedingungen für Veränderungsprozesse und den Aufbruch auch zu neuen Erfahrungshorizonten. Zu diesem Schluss kommen auch die beiden Forscher Martin Gargiulo und Mario Bernass, die nicht umsonst die Frage stellen „Gefangen im eigenen Netz?" (Gargiulo, Martin; Benassi, Mario „Trapped in

Your own Net? Network Cohesion, Structural Holes, and the Adaption of Social Capital." In: Organization Science. Informs Vol. 11 No. 2.2000, 183-196).

Wie stark Förderung – die Netzwerkkernkompetenz schlechthin – von einer „Konsens- und Selbstbestätigungskultur" geprägt ist, belegen auch Studien, wonach die Menschen jene bevorzugen, die ihnen ähnlich sind, in denen sie sich spiegeln können und die sie in ihrem So-Sein bestätigen. Aus diesem Grund würden ältere Männer auch lieber jüngere Männer fördern als junge Frauen. Was wenigstens teilweise erklärt, weshalb es zwar immer mehr Frauennetzwerke gibt, aber nur jeder elfte Vorstandsposten in den 160 wichtigsten börsennotierten Unternehmen mit einer Frau besetzt ist. Es gibt aber noch andere Gründe, weshalb es Männern leichter fällt, einander die Räuberleiter zum nächsten Karrierelevel zu sein.

Das legt unter anderem auch eine Studie von Karin Kreutzer, Professorin für Social Business an der EBS Universität für Wirtschaft und Recht, nahe. Sie kommt dabei zu dem Schluss, dass Frauen zurückhaltender sind, „ihr Netzwerk zu instrumentalisieren". Sie sagt aber auch, dass Frauen oft einfach die Zeit fürs Networken fehle, weil sie häufig noch den

Großteil der Hausarbeit, Kinderbetreuung und der Pflege von Angehörigen übernehmen. Vielleicht ist das der Grund, weshalb die klassischen Buddyspielplätze, die inoffiziellen Klüngelhotspots, ohnehin nach wie vor Männersache sind. „Gemeinsam Fußballspiele schauen, Kicker spielen, das spricht Frauen – mit Ausnahmen – weniger an!“ (Interview in business-punk.com vom 18.02.2019).

Sind Netzwerke also vor allem eine Goldgrube für die, die sie betreiben? Nun ja – die Erfolgsbilanzen der Platzhirsche werden vor allem an der Zahl ihrer Mitglieder hochgerechnet. Es gibt nicht mal ein „alle elf Minuten bekommt ein Suchender eine neue Karrierechance über LinkedIn“, sondern bloß die Annahme, dass es umso besser läuft, je mehr Menschen in einem Netzwerk sind. Befeuert von Beiträgen wie „Warum Networking im Beruf so wichtig ist!“, mit denen die Anbieter ihre Existenzberechtigung immer wieder vor allem selbst betonen. Ob das Geschäftsmodell, dass viel auch viel bringt und man also Kontakte wie Panini-Bilder sammeln sollte, aber zielführend ist, bleibt fraglich. Sicher ist jedoch die Mundpropaganda noch das stärkste Werbemittel. So werden laut einer Studie fast die Hälfte der Stellen in Kleinbetrieben über persönliche Kontakte besetzt.

Allerdings darf man bezweifeln, dass Malermeister Müller bei der Suche nach einem neuen Mitarbeiter bei LinkedIn, Xing oder in einem Anstreichernetzwerk fündig wird. Er wird vermutlich seinen bewährten Angestellten fragen, ob der nicht jemanden kennt und so vermutlich ziemlich zuverlässig das Passende finden.

Also nichts gegen Netzwerke – sie sind sicher toll zum Erfahrungsaustausch und als Informationsquelle, und manchmal wird dort sicher auch eine Stelle vergeben, so wie mancher sogar auf Tinder seine große Liebe findet. Aber wie bei Tinder sollte man nicht seine ganze Hoffnung und die meiste Freizeit darauf setzen, dass man dort fürs Leben fündig wird. Netzwerke sind weder eine automatische Hebebühne noch ein garantierter Türöffner. (Wenn man nicht von Geburt wegen schon zu einem jener exklusiven Zirkel gehört, in denen man einander aus langer Tradition stets die schönsten Lebensplätze freihält – wie es etwa in Studentenverbindungen üblich ist.)

Man darf deshalb auch ruhig mal seine Mittagspause allein verbringen oder mit dem Schulfreund aus einer ganz anderen Branche. Man kann außerdem getrost ruhig das ein oder andere Netzwerktreffen schwänzen und stattdessen zum Fußball, zum Golf, zur Vernissage oder zur Theater-Matinee gehen. Dort trifft man nicht nur spannende, sondern auch die hilfreichsten Menschen. Solche, mit denen man wirklich Interessen teilt und die einen trotzdem über den Tellerrand der jeweiligen Job-Echokammern hieven, weil sie aus ganz anderen Berufssphären kommen.

Am Ende zeigt die sehr lange Geschichte des Klüngelns, dass es zwischen privatem Vergnügen und beruflichen Ambitionen keinen Widerspruch geben muss – und sich aus dieser Haltung immer noch die stabilsten und einträglichsten Beziehungen ergeben. ●

Manch einer *verdankt* seinen *Erfolg* den Ratschlägen, die er von anderen nicht angenommen hat.

Ferenc Molnár

Mythos 2
Ohne Coaching geht nichts

Lange war das Coaching ausschließlich Sportlern vorbehalten. Dort hatte sich schon sehr früh die Erkenntnis durchgesetzt, dass alles Training und alle Muskelkraft nichts nützen, wenn die psychische Power fehlt. Eine Erkenntnis, die sich zunehmend auch in der Arbeitswelt verbreitet hat. Schnell hat die Idee eines Trainers, der einen mental fit für den Erfolg macht, Orientierungshilfe bietet, Entwicklungsprozesse anstößt, einen ganz neuen Dienstleistungszweig ins Leben gerufen, der längst nicht mehr nur gestresste Manager bedient. Die stetig steigende Nachfrage wird mittlerweile auch von Berufsein- und -aufsteigern, Freiberuflern und ganzen Agenturen bestritten. Schließlich, so die Botschaft, wird es in einer zunehmend anspruchsvollen Arbeitswelt immer wichtiger, Ziele neu zu bestimmen, sich alternative Handlungsmöglichkeiten zu erschließen, Selbstsicherheit zu tanken. Entsprechend vielfältig wie die Problemlagen sind dabei auch die Lösungsangebote. Es gibt Coachings für die Karriereplanung, zur Verbesserung der rhetorischen Fähigkeiten, des

Selbst- und Zeitmanagements, für die Optimierung der Kommunikationsfähigkeit oder zur Vorbereitung eines nächsten Karriereschrittes. Manche Coachings werden durchgeführt, weil sich auf dem Weg nach oben spezielle Probleme ergeben, andere einfach, um mal wieder geistige Inventur zu machen, die innere Festplatte aufzuräumen, bis hin zur Organisation des eigenen Schreibtisch, den wir nicht etwa nach einem eigenen oder gar keinem System geordnet haben, sondern nach einem „Office-Coaching für dauerhafte Ordnung" (novomundo.de).

Neben 10.000 professionellen Coaches in Deutschland arbeiten inzwischen 35.000 bis 75.000 ohne weitere Qualifizierung, genauer lässt sich das nicht sagen, denn die Berufsbezeichnung ist nicht geschützt. Coaches oder solche, die sich so nennen, haben zudem nicht mehr nur die Arbeitswelt, sondern auch alle anderen Lebensbereiche zum potentiellen Krisen- und damit Optimierungsgebiet erklärt. Sogar manche Friseure haben sich selbst zum „Haar-Coach" befördert. Es gibt Einzelcoachings und Massencoachings – die wie Erweckungsgottesdienste durchchoreographiert sind –, so wie die von Jürgen Höller, der schon mal 10.000 Menschen auf einmal etwa in der Münchner Olympiahalle verspricht, sie auf die Erfolgsspur zu bringen. So wachsen nicht nur die Angebote, sondern auch der Branchenumsatz. Seit 2010 jedes Jahr um durchschnittlich zehn Prozent (Infos aus dem Beitrag „Ich an deiner Stelle“ von Mareen Linnartz in Süddeutsche vom 25. November 2019). Weltweit sollen es mehr als zwei Milliarden Dollar sein.

Es spricht natürlich rein gar nichts dagegen, sich beim Besserwerden und Aufsteigen unter die Arme greifen zu lassen. Einerseits. Andererseits entfernen wir uns damit immer mehr von dem schon für Kleinkinder so begehrenswerten Ziel: „Ich kann auch allein ...!“ Wo „Ich habe da einen Coach!“ schon fast so etwas wie ein Statussymbol geworden ist, entwickelt sich die Aussicht, selbst entscheiden oder tun zu sollen, zunehmend zu einer Einladung in den mentalen Panikraum. Ausgerechnet dort, wo wir doch eigentlich über Jahre einige Kompetenzen angehäuft haben, trauen wir uns kaum noch etwas zu. Ein Effekt, der sich bis in die Politik fortsetzt, wo man – gemessen an den milliardenschweren Beraterhonoraren – scheinbar gar nichts mehr „allein kann“. Der britische Soziologe und Autor des Buches „Therapy Culture“ Frank Furedi kommentiert dies Phänomen so: „Wir leben in einer Zeit, in der ... die

Menschen verlernen, ihre Probleme selbst zu lösen. Stattdessen werfen sie sich in ihrer Ohnmacht vermeintlichen Experten an den Hals." Nicht, dass wir hier und da nicht ein wenig Entwicklungshilfe dringend nötig hätten. Und es kann nie verkehrt sein, einmal andere von außen auf Entscheidungen, Haltungen, Pläne blicken zu lassen. Aber wir müssen auch mal gut sein dürfen und nicht immer noch besser werden müssen.

Es macht die Menschen erfahrungsgemäß ja nicht glücklicher, wenn man ihnen ständig neue Mängel aufzeigt und suggeriert, dass sie keinesfalls einfach so in Ordnung sind oder kompetent. Wenn es nie genügt, irgendwann eine Ausbildung und einen guten Abschluss gemacht zu haben. Das kann einen ganz schön nervös machen. Und das tut es auch. Mit der Flut an Coachingangeboten geht ja kein Anstieg an Souveränität einher. Sie sorgt im Gegenteil für immer mehr Verunsicherung. Und die wiederum führt zu immer mehr Nachfrage nach Orientierung und Verbesserung. Um sich mal als Mängelexemplar zu fühlen, braucht man sich ja bloß im Buchhandel vor das Ratgeberregal zu stellen und die Coachingbücher als das zu betrachten, was sie sind: Baustellenmarkierungen. Da gibt es „Der Persönlichkeitsentwicklung-Coach: Coaching-Tools für mehr Resilienz und …", „Rhetorik – Selbstbewusst reden wie ein Profi: Treten Sie ab jetzt überzeugend auf", „Die 7 Wege zur Effektivität". Das ist die eine Hälfte – die andere Hälfte ist Coachingliteratur für Coaches und die, die es werden wollen. Die Branche lebt ja auch und vor allem von sich selbst, also davon, andere mit ins Boot zu holen und die dafür nötige, auch mentale, Ausrüstung zu verkaufen.

Natürlich ist auch die mangelnde Zertifizierung ein Problem. Es gibt kaum Studien, die sich mit der Effizienz von Coachings befassen und denen, die von den Coachingverbänden selbst durchgeführt wurden, dürfte die nötige Objektivität fehlen. Als eine der wenigen kritischen Betrachtungen darf deshalb die Untersuchung des Politologen Georg Steinmeyer gelten, der dafür Websites und Selbstdarstellungen von Coaches ausgewertet hat, Befragungen durchführte, Lehrbücher von Ausbildern und Publikationen von Dachverbänden analysierte und darüber ein Buch schrieb: „Die Gedanken sind nicht frei – Coaching: eine Kritik" (Berlin 2018). Sein ernüchterndes Fazit: Viele „Coachings basieren auf Wertesystemen, die esoterische, demokratiefeindliche, sozialdarwinistische, gewaltverharmlosende oder geschichtsrevisionistische Elemente enthalten." Schon die Coaching-Grundlagen seien fragwürdig – weil sie davon ausgingen, dass der Mensch unbegrenzt optimierbar sei, sich passend machen lassen sollte, um zum möglichst rund laufenden, maximal produktiven Rädchen im Getriebe zu werden. Man muss vielleicht nicht so weit gehen wie Steinmeyer, der Coachings als „Instrument einer Entdemokratisierung des Denkens" bezeichnet. Aber man hat bisweilen durchaus den Eindruck, dass so ein Coaching – wenn es auch noch die Firma bezahlt – nicht gerade eine Veranstaltung zur Förderung von Individualität und Eigensinn ist. Zumal, wenn der Deutsche Bundesverband Coaching e.V. (DBVC) selbst schreibt: „Durch die Optimierung der menschlichen Potenziale soll die wertschöpfende und zukunftsgerichtete Entwicklung des Unternehmens / der Organisation gefördert werden."

Auch darüber kann man sich ja streiten, ob „menschliche Potenziale" – also letztlich unsere Psyche – auch auf die Payroll von Unternehmen gehören. Und wenn, ob Coaches – die in den allermeisten Fällen keine ausgebildeten Psychologen sind – dann nicht mit einem Feuer spielen, das sie am Ende gar nicht löschen können.

Selbstverständlich kann es nicht schaden, rhetorisch und argumentativ gestärkt etwa in eine Gehaltsverhandlung zu gehen. Aber da sitzt dann aller Wahrscheinlichkeit nach auch ein bestens durchgecoachtes Gegenüber, allzeit bereit, etwaige Ansprüche nonchalant abzuwehren. Natürlich werden sich jetzt einige Coaches unverstanden fühlen, weil sie ihre Klienten gerade dazu ermuntern, das zu tun, was sie für richtig halten und ihren Bedürfnissen entspricht (nachdem man gemeinsam diese Bedürfnisse überhaupt erst freigelegt hat). Den gut dotierten Job im Marketing zu kündigen, um ein kleines Café zu eröffnen, den Arztkittel an den Nagel zu hängen, um in Griechenland eine Strandbar zu betreiben.

Aber auch diese Variante des „Entdecke dich selbst“ – massenhaft angewendet – führt schließlich geradewegs in ein Paradox, das in Monty Pythons „Leben des Brian“ zu besichtigen ist. Dort ruft der „Erlöser“ seinen „Jüngern“ zu: „Look. You've got it all wrong. You don't need to follow me. You don't need to follow anybody! You've got to think for yourselves. You're all individuals!” Meint: Die Jünger werden belehrt, dem Erlöser nicht blind zu folgen. Sie sollten tun, was sie für richtig halten. Woraufhin die Menschenmenge mit kollektiver Stimme antwortet: „Yes, we're all individuals." Bis auf Dennis, der sagt: „I am not!"

Vermutlich hatte er kein Coaching. Ob man ihm dazu gratulieren sollte? Sagen wir mal so: Wie Joints, im Schlafsack am Strand übernachten oder Sex im Auto sollte man es vermutlich einmal ausprobiert haben, nur um selbst beurteilen zu können, ob eine Wiederholung sich lohnt oder ob man nicht auch ohne sehr gut weiterleben kann. ●

Ich war nicht überall, aber es steht auf *meiner Liste*.

Susan Sontag

Mythos 3
Wer nicht im Ausland war, mindert seine Karrierechancen empfindlich

Der Schriftsteller Daniel Kehlmann machte das ewige Gegensatzpaar zu einem Bestseller. Sein Buch „Die Vermessung der Welt“ geht nämlich der Frage nach: Wer erobert sich erfolgreicher neue Horizonte – derjenige, der wie der Naturforscher Alexander von Humboldt den Planeten emsig bereist und versucht, alles darauf zu erfahren und zu erfassen? Der ständig Neues entdeckt und auch, wie alles mit allem zusammenhängt? Oder der Stubenhocker par exzcellence, der wie der geniale Mathematiker, Astronom, Geodät und Physiker Johann Carl Friedrich Gauß, allein in seinen Gedanken in bis dahin noch unbekannte Galaxien aus Formeln und Zahlen vordringt? Mit mindestens ebenso erstaunlichen Ergebnissen.

Im Business-Kosmos braucht man nicht lange nach einer Antwort zu suchen. Dort gilt schon seit Jahren die Überzeugung: „Zu einer anspruchsvollen Karriere gehört der Auslandsaufenthalt!“ Nur wer mal auswärts gewirkt und gelebt habe, würde schließlich wichtige Schlüsselqualifikationen wie interkulturelle Kompetenzen, Sprachkenntnisse, Selbstständigkeit und Anpassungsvermögen schulen und diesen kostbaren Rohstoff zur weiteren Karriereveredelung dann daheim perfekt höchst nützlich investieren können. Zumal in einer globalisierten Arbeitswelt, in der man über Kontinente eng zusammenarbeitet. Das klingt plausibel und ist sicher einer der Gründe, weshalb die Idee, wenigstens einmal im Leben und mindestens ein Jahr woanders zu leben, so tief in unserem Bewusstsein verankert ist. In Deutschland knüpft sie auch an die lange Tradition der Handwerkergesellen an, die drei Jahre und einen Tag auf die „Walz" gingen und vereinzelt immer noch gehen, um Erfahrungen zu sammeln – unter strengen Regularien. Denn in dieser Zeit darf man sich bis auf 50 Kilometer nicht seinem Heimatort nähern, kein Geld für Übernachtung und Transport ausgeben und soll auf Handy und Computer verzichten. Da hat man mit einem Jahr in der Niederlassung seines Unternehmens in den USA denselben Benefit, aber ein deutlich entspannteres Verhaltenskorsett.

Das alles klingt so gut und überzeugend, dass der Vorschlag der Bibel „Bleibe im Lande und nähre dich redlich", längst keine echte Alternative mehr zu sein scheint. Schaut man sich allerdings einmal die Lebensläufe von Deutschlands Top-Managern an, könnte man auf die Idee kommen, dass da zwar USA, China, Frankreich, Spanien, England gepredigt wird, man aber dann doch eher in Frankfurt am Main, Kaiserslautern oder Hannover die Karriereleiter erklimmt.

Das jedenfalls war so ungefähr die Reiseroute in Richtung Top-Liga von Continental-Chef Dr. Elmar Degenhart, den das Magazin „Harvard Business Review" erst kürzlich zu einem der 100 erfolgreichsten CEOs weltweit gekürt hat. Unter den fünf deutschen Konzernchefs, die HBR dort platzierte, ist außerdem Reinhard Ploss, Vorsitzender des Infineon-Vorstandes. Auch er brauchte für seinen Aufstieg eigentlich keinen Reisepass. Und sie sind nicht die einzigen. Viele Konzern-Chefs der deutschen DAX-Unternehmen haben sich als so sesshaft wie die Koralle erwiesen, ohne dass es ihrer Karriere geschadet hätte. Im Gegenteil. Denn es spricht durchaus auch viel für den Aufstieg daheim. Die Entscheidung, als so genannter Expatriate, kurz Expat, ins Ausland zu gehen, mag zwar mutig und sicher reizvoll sein, ist aber keinesfalls als Abkürzung in Richtung Chef-Etage zu betrachten. Nach der Rückkehr stellt mancher vielmehr fest, dass er wichtige Entwicklungen im Unternehmen verpasst hat, dass die interessanten Inlandsposten längst vergeben sind, und zwar an Leute, die mit den Vorgesetzten gemeinsam Essen waren oder mit den Kollegen zu Hause den Firmenmarathon absolvierten haben.

„Viele Expats hatten im Ausland einen attraktiven Job mit Verantwortung und landen anschließend auf einer Parkposition“, stellte auch Anja Kollmann nach Gesprächen mit Rückkehrern fest. Für ihre Bachelorarbeit ging die Betriebswirtin der Frage nach, warum so viele Mitarbeiter ein, zwei Jahre nach einem Auslandsaufenthalt kündigen. Sie kam zu dem Schluss, dass die „Diskrepanz zwischen Erwartung und Realität zu den häufigsten Problemfaktoren zählt.“ Etwa, wenn der „Entsandte“ während seiner Zeit im Ausland „nicht auf dem Laufenden war über entscheidende Veränderungen in seiner Umwelt und häufig mit der Erwartung zurückkehrt, nichts hätte sich verändert“ (Anja Kollmann, Die Reintegration von Expatriates – Empirische Studie zur Rückkehrererfahrung von Expatriates). Dann ist es aber oftmals eine Rückkehr in eine neue Fremde, und zwar eine, in der man entgegen anderslautender Behauptungen, seinen Wert nicht so ins Unermessliche gesteigert hätte, dass die ganze Branche voller Vorfreude mit offenen Armen und Spitzenpositionen auf einen wartet.

Die Folge nennt sich „Re-Entry-Schock“ und ist umso größer, je länger man weg war. Zu diesem Ergebnis kam auch die Studie „Global Expatriates Observatory“ für die mehr als 400 Expatriates und 125 Angehörige befragt wurden. Im Unterschied zum Auslandsaufenthalt, den ein Großteil der Teilnehmer als bereichernd empfand, wurde die Landung im deutschen Arbeitsalltag als eher hart beschrieben. Natürlich gibt es Dämmstoffe: Mentorenprogramme etwa, mit denen man die Verbindung nach Deutschland hält und durch den Auslandsaufenthalt begleitet wird oder wenigstens regelmäßige Heimaturlaube.

Aber Anja Krollmann stellt auch fest: „Wir telefonieren mit Kollegen in aller Welt und arbeiten auch in Deutschland ganz selbstverständlich in einem globalen Umfeld, vielleicht ist ein Auslandsaufenthalt auch deshalb für viele nicht mehr so attraktiv“ (Süddeutsche, 04.06.2016, Zurück aus dem Ausland – und jetzt?, von Gunda Achterhold). Zumal die meisten Berufsanfänger die Sache mit der Horizonterweiterung, dem interkulturellen Diskurs und dem Zugewinn an Flexibilität da bereits längst als gründlich erledigt betrachten können. Sie haben ein oder mehrere Schuljahre, ein oder mehrere Semester in den USA oder in England oder Australien absolviert. Und den gröbsten Abenteuerdurst außerdem via „work and travel" in den USA, in Kanada oder Neuseeland gestillt. Und sie stellen fest, dass die idealen Arbeitsbedingungen ohnehin direkt vor der Tür liegen.

Schon vor vier Jahren kam die weltweite Expat-Insider-Studie mit über 14.000 hoch qualifizierten Arbeitskräften, die im Ausland arbeiten, zu dem Ergebnis, dass Deutschland in der Kategorie „Arbeitsbedingungen" zu den drei besten Aufenthaltsländern unter den 67 untersuchten weltweit gehört (auch wenn die Befragten die Kultur und Sprache als gewöhnungsbedürftig klassifizieren). „Deutschland hat mit die besten Jobs – und die unfreundlichste Bevölkerung", lautet das Ergebnis etwas uncharmant. Für die, die ohnehin hier leben und arbeiten, dürfte aber vor allem die Sache mit den „besten Jobs" die Sesshaftigkeit noch einmal befördern. Ebenso wie die aktuellen Pandemie-Erfahrungen. Seit Corona hat ja nicht nur der Inbegriff der räumlichen Unbeweglichkeit – das Home-Office – einen gewaltigen Popularitätsschub erfahren. Auch

Deutschland hat einmal wieder gepunktet. Laut einem Länderranking der Londoner Deep Knowledge Group, einem Thinktank, zählt es mit seinem funktionierendem Gesundheitssystem und Krisenmanagement derzeit zu den sichersten und stabilsten Staaten der Welt, noch vor der Schweiz und Österreich.

Das heißt nicht, dass Alexander von Humboldt sich also doch an Friedrich Gauß hätte ein Beispiel nehmen sollen und besser daheim geblieben wäre. Im Gegenteil. Der Kosmopolit, Naturforscher und Forschungsreisende entdeckte die Klimazonen und dokumentierte nach der Devise „alles ist Wechselwirkung" Klima- und Vegetationszonen. „Die gefährlichste aller Weltanschauungen ist die Weltanschauung der Leute, welche die Welt nie angeschaut haben", soll er gesagt haben. Was unbedingt dafür spricht, diesen Planeten gründlich zu erkunden. Ob man aber dafür jeweils auch einen Arbeitsplatz in einem anderen Land braucht oder ob es nicht viel mehr bringt, etwa für ein Sabbatical in den Alltag einer anderen Kultur einzutauchen? Eines ist sicher: Horizonterweiterung geht keinesfalls ohne Ortswechsel, schließlich braucht das Leben wie auch die Karriere hier und dort sicher neue Impulse und Perspektiven. Die finden sich aber längst nicht mehr zwingend im Auswärts, sondern durchaus auch im Nahbereich. Da, wo der Puls der deutschen Wirtschaft am höchsten schlägt: etwa in Gerlingen (Bosch), in Walldorf (SAP), in Ingelheim (Boehringer), in Neckarsulm (Schwarz-Gruppe), Gütersloh (Bertelsmann). Orte, die einem von Berlin, Frankfurt, Hamburg oder München aus betrachtet mindestens so exotisch erscheinen können wie Singapur oder Peking. Eigentlich müsste es also heißen: „Wer nicht in der deutschen Provinz arbeiten will, der mindert seine Karrierechancen empfindlich."

Längst ist schon von „Glokalisierung" die Rede, einem Kofferwort aus den Begriffen „global" und „lokal", das von dem Soziologen Roland Robertson eingeführt wurde. Inspiriert von dem japanischen Ausdruck „dochakuka", der umschreibt, wie Techniken der Landwirtschaft an die jeweilige Umgebung angepasst werden. Die Idee dahinter ist, dass „global" und „lokal" keine Gegensätze mehr sind, sondern miteinander verknüpft sind und einander befruchten. „Städte werden wieder unattraktiver, die Zukunft gehört den ländlichen Regionen", sagt auch Zukunftsforscher Daniel Dettling und führt neben vielen anderen Lockstoffen auch den bezahlbaren

Wohnraum und die hohe Lebensqualität der Provinz an (Tagesschau 24, 11.08.2019).

Manche mögen an dieser Stelle sagen, dass sie trotzdem lieber tot über dem sprichwörtlichen Zaun etwa in Mulfingen (EBM-Papst) hängen würden, als die Aussicht auf eine coole Bleibe in einer europäischen Metropole für eine Kleinstadt in Niedersachsen aufzugeben. Denen sei die Erkenntnis ans Herz gelegt, die Alexander von Humboldt neben Tausenden von Pflanzen und Mineralien auch von seinen Reisen mitgebracht hat: „Im Grunde kehrt alles Große in der Welt auch im Kleinen wieder, wenn man es nur erkennen will.“ ●

Die schlimmste *Art Versager* **ist ein Mann, der sich immer wieder vormachen muss, dass er ein** *erfolgreicher Mann* **ist.**

T.S. Eliot

Mythos 4

Den Blendern gehört die Welt

Sollte noch jemand eine letzte Bestätigung benötigen, dass einen vor allem das Aufschneiden nach vorne bringt, muss man ihn eigentlich nur auf Donald Trumps Karriere verweisen. Mit nichts als der Überzeugung, der einzige überhaupt denkbare Mann für die Position des Präsidenten der Vereinigten Staaten zu sein („I am the most successful person ever to run for the presidency, by far.“ – „I think nobody knows more about taxes than I do, maybe in the history of the world. Nobody knows more about taxes.“), hat er es tatsächlich an die Spitze der USA gebracht. Befördert aber auch von mehreren hundert Millionen Dollar Spendengeldern für seinen Wahlkampf, gestiftet von Menschen, die wie er glauben, dass es die Lautesten sind, denen die Welt gehören sollte. Egal, wie dünn ihre jeweiligen Qualifikationen sind. Und dünner als bei Trump geht es kaum: ohne jede Politikerfahrung, ohne jedes diplomatische Fingerspitzengefühl und kaum mehr Geographiekenntnissen (er versprach unter anderem eine Grenzmauer in Colorado – fernab der Grenze zu Mexiko), als man braucht, um es bis zum nächsten Golfplatz zu schaffen. Er scheint der lebende Beweis dafür zu sein, dass alles, was zählt, der Wind ist, den einer um sich macht, und man bloß ordentlich Schaum zu schlagen braucht, um sogar ganze Nationen einseifen zu können.

Bestätigt wird die Theorie auch von Studien. Demnach haben Männer, die sogar noch ohne einen einzigen Trumpf in der Hand hoch pokern, die vollimprägniert sind gegen jedweden Selbstzweifel und sich vor allem erfolgreich von der Meinung anderer (ebenso wie von ihren Abschlüssen, ihren Mängeln, ihren Niederlagen) emanzipiert haben, tatsächlich bessere Chancen. Und ja, es sind vor allem Männer, die damit durchkommen – auch weil die genannten Eigenschaften nicht gerade als typisch weiblich gelten. Das macht für diejenigen, die sie bevorzugen, einen weiteren unschlagbaren Vorteil aus: den Ausschluss von Frauen. Aber gerade deshalb duftet, was einmal als der herrliche Stallgeruch des Alphatieres galt, zunehmend ziemlich ranzig. Das sagt jedenfalls Tomas Chamorro-Premuzic, Psychologe und Buchautor. Es sei eine „veraltete und falsche" Vorstellung von Führung, die weniger die Kompetenten als die übermäßig Selbstbewussten nach oben spüle. Die aber seien oft der Untergang eines Unternehmens, weil sie nur eigene Interessen verfolgen, wenig Wissen mitbringen und kaum in der Lage wären, sich objektiv zu beurteilen. In der Psychologie würde man diese Verzerrung im Selbstverständnis inkompetenter Menschen Dunning-Kruger-Effekt nennen, ein Begriff, der auf David Dunning und Justin Kruger zurückgeht. Die beiden Sozialpsychologen hatten in Studien entdeckt, dass Unwissenheit oft zu mehr Selbstvertrauen führt als Wissen. Aufschneider würden sich ihr Mega-Ego schon im Ansatz nicht mit der Erfahrung schmälern wollen, dass sie eigentlich keine Ahnung haben und entsprechend Abstand halten zum jeweiligen Know-how. Denn „nur, wenn sich jemand des eigenen Unvermögens bewusst ist, wird er auch das lernen, was er bislang nicht kann" (Die ZEIT, Interview von Maria Mast vom 21. Oktober 2018).

Sich maßlos zu überschätzen und sich selbst zum Vorsitzenden des eigenen Fanclubs zu küren, ist dann zwar so etwas wie ein Selbstschutz vor zu viel kränkender Selbsterkenntnis. Aber es ist kein Schlüsselmerkmal mehr für Führungskräfte und zudem ein hochtoxisches Gift für Unternehmen. Was ein einziger exzessiver Windmacher anrichten kann, zeigt das Beispiel USA: Wirtschaft am Boden, gesellschaftliches Klima auf Bürgerkriegskrawall gebürstet, soziale Verwerfungen, wie man sie sonst nur aus Schwellenländern kennt. Tomas Chamorro-Premuzic, der sich übrigens für sein Buch „Warum so viele inkompetente Männer in Führungspositionen sind" (Berlin 2019) tief in die Materie eingearbeitet hat, meint deshalb auch: „Ein inkompetenter Chef lässt die Produktivität der Mitarbeiter sinken. Er sorgt für Misstrauen unter ihnen und dafür, dass sie sich unwohl fühlen. Ein solcher Chef schafft es nicht, ein Team zu motivieren und einzelne Personen dazu zu bringen, gut zusammenzuarbeiten."

Es kann also durchaus sein, dass man als austrainierter Schaumschläger sehr schnell befördert wird, aber auch: dass man damit zum Kapitän eines schon sinkenden Schiffes avanciert. Nicht, weil die Ratten es gerade verlassen, sondern eher umgekehrt. Ja, das ist ein wenig despektierlich. Aber das sind die Aufschneider in der Regel auch. Es liegt ja in der Natur des Aufschneiders, dass er andere niedermachen muss, rücksichtslos und kränkend agiert, um selbst großartig dazustehen. So wie kürzlich ein Kandidat für eine Ressortleitung für ein Frauenmagazin, von dem mir eine Kollegin erzählte. In seinem Vorstellungsgespräch machte er die Mitbewerberin erst einmal herunter, um sich dann selbst als die ideale Besetzung zu präsentieren. Kam nicht gut an bei dem Entscheider. Auch weil der Bewerber sonst nicht viel zu bieten hatte als einen offensichtlich hochtourigen Narzissmus.

Unternehmen bauen deshalb auch bei Vorstellungsgesprächen schon kleine Überschätzungs-Frühwarnsysteme ein. So wie das, von dem Dr. Heiner Max, Leiter der Forschungsabteilung Körperpflege (Research Personal Care) bei Beiersdorf (in brandeins, „Jeder das Seine“, Mathias Irle) berichtet: „Einen Bewerber frage ich grundsätzlich erst einmal nach seinen Erfahrungen bei eigenen Projekten. Lief dabei alles super, ist es der falsche Kandidat. Ein Blender. Einer, der Dinge tendenziös betrachtet und nicht in der Lage ist, sich kritisch zu fragen, was genau die Erfolgsfaktoren waren. So jemanden brauchen wir nicht, denn Fehler gehören bei uns zum Tagesgeschäft.“ Man muss sie erkennen und auch thematisieren können, um daraus zu lernen: noch so ein Manko der „Ich und Ich“-Haltung. Schaut man sich die Eigenschaften der reichsten Menschen auf diesem Planeten an – solchen wie Bill Gates oder auch Amazon-Chef Jeff Bezos oder Tesla-Gründer Elon Musk – so haben die ihre Karrieren damit begründet, sich gewinnbringend tief in ein – ihr Thema – zu knien, anstatt ihre Zeit mit Eindrucksmanagement zu vergeuden. Sie hatten erst Erfolg und sind dann schrittweise vom scheuen Reh zu souveränen Repräsentanten ihrer Ideen und Produkte mutiert.

Klar ist es wichtig, sich und seine Leistungen angemessen zu präsentieren. Aber wie überall macht auch beim berühmten Klappern, das fraglos zum jeweiligen Geschäft gehört, die Dosis das Gift. Und da liegt heute ein Problem. Wie man das Licht von Sternen auch dann noch sieht, wenn sie längst erloschen sind, gilt auch und gerade in der Ausbildung noch immer: Hauptsache, die Performance stimmt. „Meine Studenten kommen vom Gymnasium, wissen nichts, aber können das super präsentieren", beklagte sich kürzlich ein Hochschulprofessor bei einem privaten Essen. Und meine Sitznachbarin erzählte, wie sie – leitende Redakteurin eines hochangesehenen Kulturmagazins – einmal aus der Mittagspause kam und feststellen musste, dass der Schülerpraktikant einen ihrer Texte komplett umgeschrieben hatte. „Er sagte, er findet das besser so." Ganze Sendeformate basieren ja außerdem auf dieser unglücklichen Idee, dass man sich auch und gerade das zutrauen sollte, was man nicht draufhat. Denn natürlich wären etwa Formate wie „Germany's next Topmodel" oder „Deutschland sucht den Superstar" schon nach Staffel 1 total am Ende gewesen, würde das Format nicht auf einem besonders perfiden Voyeurismus basieren: anderen dabei zuzuschauen, wie sie sich weit über die Grenze der Peinlichkeit hinaus an der Botschaft festhalten, dass man nur von sich selbst überzeugt sein muss, um andere zu überzeugen.

Man könnte auch sagen: Mit der maßlosen Selbstüberschätzung verhält es sich wie mit dem wohl berühmtesten absurden Sinnbild eines Paradoxons aus der Quantenphysik: Schrödingers Katze. Einerseits ist sie tot, andererseits aber doch noch ziemlich lebendig. Zumindest aber in der Arbeitswelt hat das Schaulaufen ohne jedwede Substanz allerdings mittlerweile eine ziemlich übersichtliche Halbwertzeit. Mag sein, dass man damit – vorerst – beeindruckt. Sicher aber ist man damit auch schnell am Ende, sofern man seine Überzeugung, der Beste oder die Beste zu sein, nicht mit Taten belegen kann. Ein kleiner Trost für die Zurückhaltenden, die Scheuen, die Schüchternen. Das enthebt sie aber nicht von der Verantwortung, ihr Können und Wissen angemessen zu würdigen und es entsprechend auch zu präsentieren. Wenn man nicht mal selbst von seinen Leistungen überzeugt ist, kann man das auch schlecht von anderen erwarten. Und dann würde man ja außerdem den Schreihälsen und Brüllaffen allüberall das Feld überlassen. Sichtbarkeit ist deshalb wichtig, zu zeigen, wer man ist und was man kann. Vielleicht hilft es, sich zu sagen: Bescheidenheit ist keine Zier, sondern auch eine Verschwendung von wertvollen Ressourcen. Zumal wir in einer Aufmerksamkeitsgesellschaft leben, in der jeder rund um die Uhr versucht, einen noch stärkeren Reiz zu setzen als die anderen. Das muss man nicht mitmachen, und es wäre auch kontraproduktiv, es zu versuchen. Schließlich geht es mit einer gewissen Abstumpfung einher.

Aber in dem aufgeregten und immer hochtourigeren Trubel, den andere um sich selbst veranstalten, kann man und sollte man gerade immer auch mit Gelassenheit und Souveränität punkten. In all dem Getöse wächst nämlich das Bedürfnis nach Relevanz und die Begehrlichkeit nach ein paar besonders kostbaren, zunehmend seltenen und enorm nachhaltigen Rohstoffen, solchen, die so wenig zur Blender-Grundausstattung gehören wie Kompetenz oder Empathie: Vertrauen, Integrität und Verantwortung. Die sind so etwas wie das Oxytocin von Wirtschaft und Politik. Ein Bindungshormon – das umso stärker wirkt, je lautstarker die Trumps dieser Erde da draußen klappern. ●

Der *Zweck* heiligt den Titel.

Manfred Hinrich

Mythos 5
Wer ganz nach oben will, braucht einen Doktortitel

Warum sonst hätte sich zum Beispiel Karl-Theodor zu Guttenberg gerade zum zweiten Mal diese Tortur angetan hat und eine weitere Doktorarbeit verfasst? (Nachdem ihm der erste Titel wegen Plagiatsvorwürfen von der Universität Bayreuth aberkannt worden war.) Zumal der ehemalige Verteidigungsminister als „Ikone der Selbstgewissheit" (Florian Werner, Schüchtern. Bekenntnis zu einer unterschätzten Eigenschaft, Zürich 2012, S. 95) ohnehin alles mitbringt, was einen gemeinhin für jedwede Spitzenposition prädestiniert: Geld, Geschmack, Abstammung, Manieren, eine geborene Gräfin von Bismarck-Schönhausen an seiner Seite, beste Beziehungen nach Übersee. Mit zehn Vornamen – Karl-Theodor Maria Nikolaus Johann Jacob Philipp Franz Joseph Sylvester – war es ohnehin schon sehr eng auf der Visitenkarte, selbst für das kleine „Dr." Trotzdem war das wohl alles nichts ohne den Titel. Zwar sind die richtig goldenen Zeiten des Doktortums vorbei, als man nämlich bloß mit einer Promotion gleich auch noch die Gattin in den Rang einer „Frau Doktor“ befördern konnte. (Allein der (Fußball-)Spielerfrau bleibt heute noch vorbehalten, qua Heirat auch schon in der Bezeichnung am Status des Mannes zu partizipieren).

Dennoch scheint der „Doktor“ nichts von seinem Magnetismus verloren zu haben. Man kann es verstehen. Immerhin ist er neben dem Magister artium der älteste und erste Abschluss, den die Universitäten einst vergaben. Und er gilt nach wie vor als intellektueller Fels in der Brandung des Seichten. Als eine besondere Würdigung des Wissenserwerbs, der Wahrheitssuche, des Erkenntnisstrebens und damit der Person, die sich dem unterzieht. Idealerweise aus Freude an der Forschung. So wie es das Ergebnis einer groß angelegten Befragung von 20.000 Promovierenden durch das Deutsche Zentrum für Hochschul- und Wissenschaftsforschung (DZHW) (Tagesspiegel 02.03.2020, „Optimistisch an der Mammutaufgabe Promotion“) nahelegt. Drei von vier Doktoranden sind demnach mit einer „hohen intrinsischen Motivation am Werk.“ Besonders weit vorne liegen da die Geisteswissenschaften. Da brennen laut der Befragung immerhin fast neun von zehn der entsprechenden Befragtengruppe für ihr jeweiliges Thema. Dennoch spielen auch die so genannten „extrinsischen

Faktoren“ eine große Rolle. „Immerhin die Hälfte promoviert eben auch, weil sie sich bessere Karriere- und Berufschancen ausmalt.“ (ebd) Zu Recht. Untersuchungen bestätigen, dass Doktoren immer noch mehr verdienen als Nichtpromovierte, schneller aufsteigen und häufiger in Führungspositionen gelangen. Besonders für Juristen, aber auch für Sprach- und Kulturwissenschaftler ist der Titel ertragreich. Ebenso für Mediziner (Handelsblatt, 01.03.2018, Carina Kontio „So viel mehr Geld verdienen Sie mit Doktortitel“). Kein anderer Leistungsnachweis schafft es außerdem bis in den Personalausweis. Egal wie beeindruckend es ist, was etwa ein Bäcker, ein Bergsteiger oder was Feuerwehrleute leisten. Im Unterschied zu einem „Dr.“ wird niemals etwa ein „hat fünf Menschenleben gerettet“ oder „macht die beste Schwarzwälder-Kirsch-Torte Deutschlands“ vor ihrem Namen stehen.

Kein Wunder, wenn man gar nicht genug von dieser Auszeichnung haben kann und nach der Devise „mehr bringt mehr“ vorgeht. Helmut Kohl etwa trug mehr als 20 Doktortitel. Einen hatte er 1958 selbst erworben, als er mit einer Dissertation zum Thema „Die politische Entwicklung in der Pfalz und das Wiedererstehen der Parteien nach 1945“ bei Walther Peter Fuchs zum Dr. phil. promovierte. Die anderen „Dr. h.c." – „Doctor honoris causa" – wurden ihm ehrenhalber von verschiedenen Universitäten verliehen. Sein Vorgänger Helmut Schmidt bekam sogar rund 30 Mal den „Dr. h.c." – ohne jemals selbst zu promovieren. Der Ehrendoktor hat aber nicht nur den Vorteil, dass man sich die mühsame Arbeit einer Dissertation spart. Man braucht nicht mal einen akademischen Abschluss. So wie etwa Franz Beckenbauer, der einen „Ehrendoktor" von der Nationalen Sportakademie in Sofia/Bulgarien verliehen bekam (den er, das muss man ihm zu Gute halten, nie wirklich benutzt). Oder Horst Seehofer, der nach Mittlerer Reife eine Verwaltungsprüfung im öffentlichen Dienst absolvierte und trotzdem von einer bulgarischen und einer rumänischen Hochschule mit der Ehrendoktorwürde ausgezeichnet wurde. Und noch ein Dr. h.c.-Bonus: Dieser Doktor kann einem nicht mehr aberkannt werden. Auch wenn man wie die frühere Bildungsministerin Annette Schavan ihren selbst erworbenen Doktortitel wegen „vorsätzlicher Täuschung durch Plagiat" zurückgeben muss. Das passiert ja in den vergangenen Jahren öfter mal, dass der Titel wegen Plagiatsvorwürfen aberkannt werden muss: unter anderem der Politik-Beraterin und Publizistin Margarita Mathiopoulos (FDP), der damaligen

FDP-Europa-Abgeordneten Silvana Koch-Mehrin, dem FDP-Bundestagsabgeordneten Bijan Djir-Sarai, dem CDU-Bundestagsabgeordneten Frank Steffel, dem ehemaligen Mitglied des Europäischen Parlaments für die FDP in der ALDE-Fraktion Jorgo Chatzimarkakis. Ja, das ist peinlich. Aber es spricht auch für die Bedeutung, die eine Promotion immer noch hat: dass manche lieber riskieren, beim Schummeln erwischt zu werden, als einfach gleich ganz die Finger davon zu lassen. Zumindest bei der Prominenz ist das Risiko groß, denn da wacht etwa die Plattform VroniPlag (Namensgeberin war Edmund-Stoiber-Tochter Veronika Saß. Auch sie musste ihren Titel wegen eines massiven Plagiatsvorwurfs zurückgeben) darüber, dass der Doktor sauber bleibt. Ziemlich klug also eigentlich, wenn man erst gar nicht mit einer eigenen Luftnummer in den Doktor-Zirkus einsteigt. So wie FDP-Bundesvorsitzender Christian Lindner und seine ewig unvollendete Dissertation, über die er in einem Interview sagte: „Ich hätte das sehr gern gemacht, aber es kam immer die Politik dazwischen. Das Projekt ruht in Frieden. Mein Vater hat mit 60 Jahren nach einem Berufsleben als Lehrer in Mathematik-Didaktik promoviert. Also wer weiß, was noch passiert“ (Interview in Hannoversche Allgemeine, 21.08.2015). Ganz und gar beherzt handhabt Juso-Chef Kevin Kühnert das Thema, denn er macht gerade sogar ganz ohne jeden akademischen Abschluss Politkarriere. Oder Sebastian Kurz: Er wurde bloß mit ein paar Semestern Jura immerhin Bundeskanzler in Österreich. Nicht zu vergessen, Joschka Fischer – der es vom Taxifahrer zu einem der wichtigsten Vordenker der europäischen Außenpolitik gebracht hat.

Natürlich kann man auch so beweisen, dass man sich durchbeißen kann, über Disziplin, Ambition und Zähigkeit verfügt. Vielleicht sogar noch etwas mehr als Menschen aus dem klassischen Doktor-Umfeld. Allerdings – auch das muss man einräumen – zeigen sich diese Eigenschaften erst auf der längeren Strecke. So ein kleiner „Dr." erzählt dagegen sofort, wen man vor sich hat. Im besten Fall jemanden mit Leidensfähigkeit, Fleiß, Konzentration, Lernfähigkeit, Selbstständigkeit. Was es eben braucht, um sich teilweise über viele Jahre mit äußerst sperrigen Themen zu beschäftigen. Solchen wie „Agents, bills, and correspondents through the ages: an analytical reconsideration of the nature, scope, and significance of correspondent banking and its application in historical precedence and selected case studies" (so die jüngste Promotion von Karl-Theodor zu Guttenberg, für die er von der britischen Universität von Southampton den Titel „Doctor of Philosophy“ erhielt).

Tatsächlich liegt darin vor allem der Doktor-Benefit. Denn die Themen, mit denen sich die Wirtschaftslenker für ihre Promotionen beschäftigten, haben meist wenig mit ihrer späteren Tätigkeit zu tun. Auch deshalb ist der Doktor wohl vor allem eine Art Sportabzeichen der Führungselite und natürlich ein Distinktionsmerkmal. Während der Anteil der Promovierten in der Gesamtbevölkerung unter den 25- bis 64-Jährigen bei 1,4 liegt, ist der Doktor in der Managerelite jedenfalls vergleichsweise deutlich überrepräsentiert. Jeder dritte Dax-Vorstand führt diesen Titel. Und unter den Vorstandsvorsitzenden ist der Anteil sogar noch etwas höher: Zwölf von 30 haben da ein „Dr.“ vor ihrem Namen. Trotzdem bleiben noch Leitwölfe genug übrig, die auch ohne den Doktor eine beeindruckende Karriere gemacht haben. Solche wie Telekom-Chef René Obermann – der nicht mal ein abgeschlossenes Studium vorweisen kann. Oder der Deutsche-Bank-Vorstandsvorsitzender Christian Sewing: Abitur mit 2,4, Lehre zum Bankkaufmann bei der Deutschen Bank in Bielefeld, berufsbegleitendes Studium an der Bankakademie.

Das war's. Gut, die beiden müssen sich in Texten wie diesen immer wieder auch daran erinnern lassen, dass da akademisch noch mehr drin gewesen wäre. Aber sie sind ohnehin mit wichtigeren Dingen beschäftigt, als sich darüber zu grämen, und vielleicht würden sie auch anmerken, dass auch für die Promotion mittlerweile dasselbe gilt wie für Bungee-Jumping oder Ultramarathon: Kann man machen, muss man aber nicht. Ja, Promovierte verdienen besser – aber sie müssen ihre Promotionsphase auch erstmal finanziell überstehen. Meint: Sie verdienen mehrere Jahre deutlich weniger als jene, die sich derweil schon voll in ihre jeweilige Karriere knien konnten. Dann ist der Doktor längst auch so etwas wie ein Opfer seines eigenen Rufes.

Wo so viel Wert darauf gelegt wird, liegt die Entwertung durch Inflation ziemlich nahe. So schrieb die WirtschaftsWoche: „Manager sammeln akademische Titel wie andere Leute Briefmarken" (17.02. 2011) angesichts der Freigiebigkeit, mit der manche Universität Ehrendoktortitel auf jene regnen lässt, die Forschung und Lehre großzügig unterstützen und/oder als so genannte Honorarprofessoren Lehrveranstaltungen abhalten. Aber auch umgekehrt wird profitiert, ist der Doktor auch ein Marketing-Tool.

Wenn der Dalai Lama mittlerweile 43 Ehrendoktortitel trägt und eine der jüngsten oder vielleicht sogar die jüngste Person überhaupt, der ein Ehrendoktor verliehen wurde, seit kurzem die Klimaaktivistin Greta Thunberg ist, dann auch, weil der Glanz des Titelträgers immer auch auf die jeweilige Universität abfärbt. „Imagetransfer“ nennt sich das und wirft die Frage auf, ob das denn überhaupt im Sinne der Erfinder sein kann, aus einem Ehrentitel so etwas wie ein Business-Hipster-Accessoire zu machen, das sich manche längst auch auf dem Schwarzmarkt beschaffen. Schätzungen gehen davon aus, dass etwa 1000 Doktortitel jährlich ergaunert werden (WiWo, ebd.), etwa durch Ghostwriting. Längst wird auch deshalb diskutiert, ob der Doktor überhaupt noch zeitgemäß ist. Ob man seinen Bedeutungsverlust nicht damit abfedert, ihn entweder ganz aus dem Verkehr zu ziehen, damit er auch dem Markt der Eitelkeiten nicht mehr zur Verfügung steht, oder ob man ihm nicht doch einmal wieder eine Qualitätsoffensive angedeihen lässt.

Auch das wäre übrigens ein schönes Thema für eine Doktorarbeit. Falls es einen interessiert. Denn nur dann hat das Forschen und die jahrelange Arbeit an einem Thema am Ende wirklich Sinn. ●

Wer zu viel arbeitet, hat keine *Zeit* **zum** *Geldverdienen.*

Colin Webb

Mythos 6

Ohne Fleiß kein Preis

Dieses Gerücht verdanken wir dem griechischen Dichter Hesiod. Er hatte es für seinen arbeitsscheuen Bruder in die Welt gesetzt. Mit dem Lehrgedicht „Werke und Tage“ wollte er dessen Trägheitsmoment mit Hinweis auf die vermeintliche Arbeitsmoral von Göttervater Zeus aushebeln. Mit Sätzen wie

> »Vor den Verdienst setzen den Schweiß
> die Götter / die unsterblichen, lang aber
> und steil ist der Weg zu ihm hin.«

Seitdem ist die Idee in der Welt, dass harte Arbeit die einzig gültige Eintrittskarte für den Erfolg ist. Befeuert auch von dem Ideal einer Gesellschaft, in der jeder dieselben Chancen hat – wenn er sie eben nur mit Tüchtigkeit zu nutzen versteht. So dachte es sich jedenfalls auch das Bürgertum der Aufklärung als Notausgang aus dem Feudalismus, in dem nicht Leistung, sondern allein die Herkunft zählte.

Das ist nur fair und vielleicht auch mit ein Grund dafür, dass die Kategorie „Fleiß“ als schulische Kopfnote und also Lernziel neben anderen in einzelnen Bundesländern wieder eingeführt wurde

– nachdem man sie erst flächendeckend abgeschafft hatte. Dort subsumiert man unter Fleiß „Lernbereitschaft, Zielstrebigkeit, Ausdauer, Regelmäßigkeit, Übernahme zusätzlicher Aufgaben, Strebsamkeit, Aktivität, Bereitwilligkeit“. Es ist auch eine Art Kulturdenkmalpflege. Denn Fleiß gilt als eine spezifisch deutsche Tugend, als Motor der global so hoch geschätzten deutschen Wertarbeit. Etwas beflissen, wenig glamourös und längst nicht so märchenhaft wie die amerikanische „Vom-Tellerwäscher-zum-Millionär“-Utopie, die den bodenständigen Fleiß mit dem sprunghaften Glück vermendelt. Zumal mit Fleiß immer auch das Talent unter den Generalverdacht gestellt wird, viel zu wenig Arbeit zu machen, um ernst genommen zu werden.

So rechtfertigte die Kunstlehrerin meines Patenkindes die vergleichsweise schlechtere Note für ein Bild damit, dass der Zwölfjährige offensichtlich begabt sei, wofür er ja nichts könne, während sein Mitschüler, dem Künstlerischen gänzlich fern, eben hätte viel mehr Aufwand für ein höchstens mittelmäßiges Ergebnis betreiben müssen – was man unbedingt mit einer sehr viel besseren Note honorieren müsse. Klar, gibt es da das Gerücht, dass bloß zehn Prozent Talent genügen, wenn man dafür 90 Prozent harte Arbeit investiert, um Erfolg zu haben. Andere – wie etwa der Bestsellerautor Frank Schätzing – favorisieren ein Mischungsverhältnis von „10 Prozent Ideen, 10 Prozent Talent und 80 Prozent Fleiß“. Aber das Hauptbeförderungsmittel für die Karriere bleibt immer gleich: die Bereitschaft, sich so richtig ins Zeug zu legen.

Tatsächlich stimmt die Annahme, aber längst nicht für jeden. Wäre Fleiß nämlich der große und wichtigste Gleichmacher, der uns allen dieselben Startbedingungen beschert, müssten Landwirte und Bauarbeiter, Selbstständige und Freelancer zu den Spitzenverdienern gehören, denn die arbeiten laut einer Studie des Instituts für Arbeitsmarkt- und Berufsforschung und des Statistischen Bundesamtes am meisten (Wirtschaftswoche, 15. September 2016). Studien belegen außerdem, dass es nicht etwa die mit den meisten Fleißkärtchen sind, die bevorzugt werden, sondern dass die Persönlichkeit den Ausschlag gibt. 88 Prozent der befragten Unternehmen war das bei der Einstellung am wichtigsten – auf Platz drei folgte mit 51 Prozent die praktische Erfahrung und auf Platz neun landeten die Schul- und Abschlussnoten mit zehn Prozent (https://www.stellenanzeigen.de/artikel/2010/02/22/Das_wichtigste_Einstellungskriterium_ist_die_Persoenlichkeit.htm).

Selbst Optik schlägt Fleiß. So kam eine Studie des belgischen Forschers Stijn Baert von der Universität Gent (2015) zu dem Ergebnis, dass Menschen mit einem schönen Foto auf der Bewerbungsmappe und auch in ihrem Facebook-Profil etwa 40 Prozent häufiger zu einem Vorstellungsgespräch eingeladen wurden und insgesamt 20 Prozent mehr positive Rückmeldung erhalten als Bewerber mit einem weniger attraktiven Foto (http://blog.iw-akademie.de/2016/05/03/der-erste-eindruck-zaehlt-nicht/). Und dann tritt immer auch der so genannte „Ähnlichkeitseffekt" in Kraft, das heißt, es werden nicht die mit den besten Abschlüssen und also den meisten Fleiß-Nachweisen bevorzugt. Sondern man nimmt die, zu denen man sich intuitiv hingezogen fühlt, weil sie einem ähnlich sind.

Vollends aus dem Rennen als zuverlässiger Karriereturbo ist der Fleiß, wenn man ihn aus weiblicher Perspektive betrachtet. Wäre Fleiß die Karriere-Hauptinvestition, als die er sich ausgibt, hätten wir in den Vorstandsetagen und in der Politik zudem längst einen Frauenüberhang. Schließlich sind Mädchen schon in der Schule fleißiger, haben die besseren Noten, machen öfter Abitur und beginnen häufiger ein Studium als gleichaltrige Jungs. In manchen Bereichen – in solchen, in denen man als Frau nicht erst ein männliches Entscheidungsgremium überzeugen muss und in denen es rein um die Noten, also um das Fleißergebnis geht –, zeigt das durchaus Erfolge. Etwa beim Richterstand, wo schon von der „Eroberung der Justiz durch die Frauen" die Rede ist. Oder in der Medizin. Auch dort wird eine „Feminisierung der Ärzteschaft" befürchtet. Immerhin sind etwa zwei Drittel der Studierenden in den medizinischen Fakultäten weiblich (Inga Dreyer, „Das ist eine drastische Benachteiligung von Frauen", Tagesspiegel, 23.02.2020).

Dass nun darüber diskutiert wird, ob Noten im Medizinberuf wirklich alles sein müssen, ist natürlich nur ein Zufall – eine Duplizität der Ereignisse, die sicher nichts damit zu tun hat, dass man auch den weniger fleißigen Jungs den Weg in die Ärzteschaft ebnen will. Noch so ein Indiz, dass Fleiß nicht alles ist. Man braucht außerdem noch jemanden, der einem daheim den Rücken von der Hausarbeit freihält, sich um die Kinder kümmert und auch eine Arbeitszeitgestaltung vor allem in den Kliniken, die ein Familienleben ermöglicht. „Auf 40

Stunden beschränkte Vollzeitstellen wären schon ein Fortschritt", sagt Christiane Groß, Präsidentin des Deutschen Ärztinnenbundes (DÄB) im Tagesspiegel (ebd.) Nicht zu vergessen: eine Kinderbetreuung vor Ort.

Auch die Vorstandsetagen der deutschen Dax-Unternehmen sind eine einzige Gegenthese zur Viel-Fleiß-gleich-viel-Preis-Theorie. Dort dümpelt der Frauenanteil in den Vorständen gerade mal bei 14 Prozent dahin. „Im Moment finden sich unter den 190 Vorständen der Dax-Unternehmen demnach 27 Frauen. Davon sind fünf Finanzchefin (CFO) und sechs Personalvorstand, allerdings gibt es keine einzige Vorstandsvorsitzende im Dax. Die Freude über Jennifer Morgan als Ko-Chefin von SAP währte nur kurz" (Georg Meck, in der F.A.Z. vom 23.05.2020, „Nur jeder siebte Vorstand ist weiblich"). Es liegt nicht daran, dass die deutschen Frauen vielleicht nicht so fleißig sind wie die Norwegerinnen, die Schwedinnen, die Britinnen, die Amerikanerinnen, Französinnen, Däninnen, Spanierinnen oder Niederländerinnen – die deutlich häufiger auf Vorstandsebene anzutreffen sind. Immerhin beteiligen sich Frauen laut einer Studie des Bundesministeriums für Bildung und Forschung hierzulande zu immerhin

52 Prozent an Weiterbildung – also fast so oft wie Männer (57 Prozent), haben also die Sache mit dem Fleiß ziemlich gut erledigt. Umgekehrt ist da, wo die höchsten Preise winken, nicht immer auch ein überbordender Fleiß zu finden.

Zu diesem Ergebnis kam eine Studie von Wissenschaftlern der renommierten US-Harvard Business School. Dafür wurden Führungskräfte von 27 großen und überwiegend börsennotierten Unternehmen 24 Stunden am Tag, sieben Tage die Woche, am Arbeitsplatz ebenso wie in der Freizeit beobachtet. Das Ergebnis: Ja, es wird viel gearbeitet an der Spitze. Aber auch nicht deutlich mehr als andernorts. Und vor allem: Ein Großteil der Tätigkeit besteht nicht etwa darin, bei 40 Grad eine Straße zu teeren oder 30 Senioren in nur sechs Stunden zu waschen, anzuziehen, sie beim Essen zu unterstützen, ihre Zimmer aufzuräumen. Wie die Studie zeigte, bestehen 70 Prozent der Arbeitszeit eines Top-Managers aus Meetings. Durchschnittlich sind es 37 pro Woche (Larissa Holzki, „Top-Manager opfern auch nicht mehr als andere“, Süddeutsche Zeitung, 22.06 2018). „Je besser Top-Manager ihren Job machen, desto weniger haben sie zu tun. Delegieren ist die Kernkompetenz, die sie beherrschen müssen, um ein einigermaßen entspanntes Leben führen zu können", schreibt Larissa Holzki in ihrem Kommentar zu den Forschungsergebnissen der Studie. Heute müsste das berühmte von Hesiod abgeleitete Zitat also so lauten: Man muss vor allem auch den Fleiß der anderen abschöpfen können, um sich für einen Preis zu qualifizieren. Und dann hat der Fleiß auch ein soziales Gleichheitsproblem.

Wo man es auch mit „Jeder ist seines Glückes Schmied" übersetzen kann, wird ja auch suggeriert, dass auch jeder selbst schuld ist, wenn seine Fleiß-Aufgabe nicht aufgeht. „Aber wenn von 100 Akademikerkindern 79 studieren, von 100 Nicht-Akademikerkindern dagegen nur 27 und nur zwölf, wenn beide Eltern ohne Berufsabschluss sind, dann kann das nicht nur mit individuellen Vorlieben und Talenten zu tun haben", schreibt Dorothee Nolte ganz richtig im Tagesspiegel („Durchlässig, aber nicht gerecht", 13.02.2020). Andererseits kann man dem Fleiß zwar nachsagen, dass er kaum als Einzelkämpfer auf dem Weg nach oben taugt. Dafür hat er aber durchaus unschlagbare Qualitäten im persönlichen Bereich. In ihm lebt die Erfahrung, dass Glück tatsächlich eine Überwindungsprämie ist, so Glücksforscher Mihály Csikszentmihályi. Meint: Ohne Herausforderungen und ein paar Anstrengungen kann man Erfolge weder erzielen noch genießen. Wichtig ist bloß, dass man seine Ziele gerade so hoch hängt, dass man – mit ein wenig Anstrengung – heranreicht und dass es die eigenen Ziele sind, die man anstrebt. Also nicht die der Eltern, die von Karriereratgebern oder die von Vorgesetzten. Dann macht einen nichts so stolz und erfüllt einen so wie das Gefühl, aus eigener Kraft etwas geschafft und geschaffen zu haben.

Das ist möglicherweise überhaupt der größte Preis, den man im Leben mit Fleiß erringen kann. Und dabei ist es ziemlich egal, ob man dafür einen Ultramarathon läuft oder einfach im Park um die Ecke die ersten fünf Kilometer in einer Zeit schafft, die andere für verschnarcht halten. Ansonsten sollte man seinen Fleiß vor allem darauf verwenden, die nachrangigen von den wichtigen, die interessanten von den Routinearbeiten zu unterscheiden und zu verstehen, dass das Fleißkärtchen nicht gerade der stärkste Trumpf beim Karrierepoker ist. ●

Das *größte* **Problem mit dem** *Fortschritt* **ist – auch die Nachteile** *entwickeln* **sich** *weiter.*

Ernst Ferstl

Mythos 7
Digitales Lernen ist die Schnellstraße in die Zukunft

Jeder fängt mal klein an – sollte das aber, um später auch groß rauszukommen, unter möglichst idealen Startbedingungen tun. Nicht erst seit Corona und Homeschooling gilt ja vor allem das digitale Lernen als Generalschlüssel für die Zukunft. So sieht es auch der Digitalpakt, mit dem die deutsche Bundesregierung und der Deutsche Bundestag im Jahr 2019 die Absicht bekundeten, die Digitalisierung in den allgemeinbildenden Schulen mit fünf Milliarden Euro zu fördern. Schon die Jüngsten sollen an digitalen Tafeln, sogenannten Smartboards, mit Schul-WLAN, Online-Lernplattformen und mobilen Geräten für die kommenden Anforderungen des Arbeitsmarktes fit gemacht werden. Während an den Universitäten der Siegeszug von E-Book-Readern, Tablets und Notebooks ohnehin schon so unaufhaltsam zu sein scheint wie der tägliche Sonnenaufgang – ebenso wie später im Berufsalltag, wo das E-Learning längst auch in der Weiterbildung, aber auch beim Coaching einen immer größeren Raum einnimmt.

Wenn sich praktisch das ganze Informieren, das Shoppen, die Kommunikation und Beziehungspflege, die Politik, die Kultur und jedwedes Marketing und alle Imagepflege zunehmend im Netz abspielen, ist es nur logisch, wenn auch der Wissenserwerb seine Spielfelder vom Klassen- oder Seminarraum ins Netz verlegt. Dafür spricht nicht nur die schiere Präsenz des Mediums. Das World Wide Web ist schließlich auch ein enormer Wissensspeicher und bietet unbegrenzte Zugangsmöglichkeiten zu Universitäten, Museen, Bibliotheken, Publikationen, Tutorials. Vor allem steht ihm bei der Vermittlung eine Formenvielfalt zur Verfügung, mit der sich mühelos U + E – also Unterhaltung und Ernst – verbinden lassen, man also selbst so etwas Staubtrockenes wie binomische Formeln mit lustigen Gimmicks als anregende Wissenszirkusnummer anrichten kann. Das verhält sich zur guten alten Schiefertafel im Frontalunterricht wie ein Kommisszwieback zu einem Fünf-Gang-Menü im Varieté. Und klar: Moderner ist es sowieso. Weshalb zum E-Learning-Magnetismus auch noch die Angst der Entscheider gezählt werden muss, als hoffnungslos unzeitgemäß und Fortschrittsverweigerer zu gelten. Zumal die Verfechter dieser Wissensvermittlungsform mit der Unverdrossenheit von Shopping-

Kanälen darauf verweisen, dass Deutschland, allein was die Ausstattung der Schulen mit Technik anbelangt, noch hinterm Mond lehrt.

Dabei gibt es sehr gute Gründe, einmal hinter die Kulissen des Hype zu schauen. Und die liegen vor allem im Faktischen, also ausgerechnet dort, wo das E-Learning so selbstherrlich maximale Matchingpoints verortet. So kommt eine Studie von 200 europäischen Leseforschern zu dem ernüchternden Ergebnis: „Entgegen den Erwartungen hinsichtlich des Verhaltens von „Digital Natives" haben solche Minderwertigkeitseffekte des Bildschirms im Vergleich zu Papier im Laufe der Zeit eher zugenommen als abgenommen, unabhängig von der Altersgruppe und früheren Erfahrungen mit digitalen Umgebungen." (https://ereadcost.eu/wp-content/uploads/2019/01/StavangerDeclaration.pdf) Diesen Effekt sahen auch die Wissenschaftlerinnen Lauren M. Singer und Patricia A. Alexander von der University of Maryland in ihren eigenen Forschungen bestätigt. Dafür sollten Studenten auf einem Tablet einen längeren Text lesen. Tatsächlich waren sie zwar schneller fertig als diejenigen, die den Text auf Papier lasen. Die Analog-Leser hatten ihn aber deutlich besser verstanden. Allgemeine Fragen zum Text wurden zwar von beiden Gruppen gleich gut beantwortet. Aber bei den Detail- und Verständnisfragen lag die Gruppe mit der Papierversion weit vorne. Der Grund, so die Forscher, lag unter anderem im Scrollen. Das würde die Beschäftigung des Gehirns mit dem Gelesenen ständig unterbrechen – so dass es immer wieder neu ansetzen müsse.

Dass wir beim digitalen Lesen schneller und oberflächlicher sind und dabei viel zu selbstsicher davon ausgehen, alles kapiert zu haben, befeuert außerdem auch die „Vergessenskurve" – eine Entdeckung des deutschen Psychologen Hermann Ebbinghaus, der sich bereits Ende des 19. Jahrhunderts mit dem Gedächtnis und seinen Speicherkapazitäten befasste. Demnach sind seine Möglichkeiten zwar theoretisch unermesslich. Praktisch ist aber unser Gehirn ein Fan maximalen Effizienzdenkens. Und weil es wenig Sinn darin sieht, wirklich alles reinzulassen, was so an Informationen praktisch sekündlich zur Verfügung steht, sorgt es – mit dem, was man in der Clubszene „eine strenge Tür" nennt – für eine Auswahl. Das bedeutet: Für den Zugang ins Langzeitgedächtnis muss sich Wissen erst qualifizieren, etwa durch Wiederholungen. Unterbleiben die, sind bereits nach 20 Minuten 40 Prozent des Erlernten weg, nach 24 Stunden sind sogar 70 Prozent flüchtig. Wer also schon glaubt, in der ersten Runde alles vollkommen erfasst zu haben, befeuert nur noch den Transitstatus von Wissen.

Das zweite Verstehens-Handicap nennt sich „kognitive Verzerrungen" („cognitive biases"). Die entstehen aus Gründen der Energieeffizienz: Das Gehirn greift dabei zur Orientierung auf bestimmte Faustregeln zurück, um möglichst schnell möglichst viele Informationen filtern und zuordnen zu können. Zum Beispiel bevorzugt es Eindrücke, die die eigenen Überzeugungen bestätigen und ignoriert geflissentlich solche, die das nicht tun. Es wendet sich außerdem neuen, überraschenden, bizarren Dingen zu, als den ewig Gleichen. Das ist übrigens mit ein Grund, weshalb Fake News so gern als Tatsachen missverstanden werden: Sie verfügen oft einfach über einen höheren Unterhaltungswert, sind eindrücklicher, emotionaler als Statistiken und oft auch noch eine Bestätigung für das, was man ohnehin schon glaubt: dass Corona eine Erfindung der Regierung ist oder dass in den USA ein geheimer Staat im Staate existiert. Bis zu 175 solcher „cognitive biases" soll es geben, die eigentlich als Arbeitserleichterungen für unser Gehirn gedacht sind und die umso mehr auf den Holzpfad führen, je mehr wir glauben, schon gleich alles richtig verstanden zu haben, aber auch je weniger wir uns damit veranlasst sehen, unser vermeintliches Wissen zu überprüfen und zu vertiefen.

Man könnte auch sagen: Digitales Lernen ist Lernen mit eingebauter Horizontverengung und immanenter Vergesslichkeit. Selbst das Feuerwerk aus Unterhaltungselementen, das doch gerade bei den Jüngeren mit Animationen, mit Clowns, Zauberern und anderen Comicfiguren die Lust am Lernen befeuern soll, wirkt hohl, wenn man es – wie Wolfram Meyerhöher, Professor für Didaktik der Mathematik an der Universität Paderborn – einmal genauer betrachtet (Süddeutsche Zeitung vom 29.03.2019): „Alles Inhaltliche scheint so schlimm zu sein, dass Kleeblätter und Blumen den Schmerz des Lernens mildern müssen", schreibt er und erinnert sich daran, wie ihn ein Schüler einmal bat, „endlich das Lernprogramm mit dem Seelöwen, der die ganze Zeit Bälle auf der Nase tanzen lässt, wegzunehmen, damit er in Ruhe Zahlzerlegungen machen kann". Wo man alles in hübsch kleinen und leicht verdaulichen Häppchen vorgekaut bekommt, sinkt auch die Lust auf die großen und sperrigen Wissensrationen. Gleichzeitig verlernen wir, „was die Technik uns abnimmt", so der Hirnforscher Gerald Hüther. Keiner kann sich mehr eine Telefonnummer merken, kaum noch jemand sich allein mit einer Landkarte orientieren. Wir vertrauen im Gegenteil so blind auf das, was uns die Technik serviert, dass immer mal wieder auch Autofahrer in Flüssen oder wie kürzlich in Frankfurt in einem U-Bahn-Zugang landen, weil das Navi das eben als Richtung vorgegeben hat.

Natürlich könnte man jetzt einwenden: dass es doch sehr praktisch ist, unsere ohnehin so vollen Köpfe nicht mehr mit Unwichtigem belasten zu müssen. Aber in dem Maße, in dem Fähigkeiten verloren gehen, werden auch immer mehr Betriebsstätten in unseren Köpfen stillgelegt. Gerald Hüther: „Wenn das Gehirn eines Kindes nicht mehr mit Bildern beliefert wird, die größere Räume zeigen, lernt es auch nicht, wie man solche Räume einordnet. Diesem Kind dürfte es später schwerfallen, Entfernungen abzuschätzen" (Interview in der Stuttgarter Zeitung vom 10. Juni 2016).

Dafür könnte, wer dauernd in den digitalen Medien unterwegs ist, schneller Bilder erfassen. Wie überhaupt auch und gerade das Digitale unbenommen immense Vorteile bietet – auch bei der Wissensvermittlung –, und natürlich darf es nicht darum gehen, diese Chancen auszuschlagen. Aber man muss sie mit der gebotenen Vorsicht genießen. Ebenso wie die hymnischen Elogen der Hersteller von E-Books und Tablets, von Betreibern von Lernplattformen oder auch Bildungspolitikern, die kaum wissen was die Begriffe „MOOC“ (Massive Open Online Course, also für Massen zugängliche Onlinekurse) oder „SCORM“ (Akronym für Sharable Content Object Reference Model, eine webbasierte Schnittstelle für das Importieren und Exportieren digitaler Lerninhalte in E-Learning-Management-Systemen) bedeuten, aber auf jeden Fall die Nase ganz oben im Trendwind haben wollen.

Das Zentrum für internationale Bildungsvergleichsstudien an der Technischen Universität München hat im Auftrag der Kultusministerkonferenz 79 Studien ausgewertet, um herauszufinden, wie Schülerinnen und Schüler mit digitalen Unterrichtsmedien bessere Leistungen erzielen können als Kinder und Jugendliche aus Klassen, die traditionell unterrichtet werden. Demnach profitieren die Kinder und Jugendlichen vor allem dann von der Technik, wenn sie nicht allein, sondern in Paaren arbeiten und wenn sie bei der Arbeit mit Digitalmaterial von Lehrkräften begleitet werden. Denn dieses Material kann klassische Unterrichtsmaterialien nicht vollständig ersetzen, aber die analogen Methoden ergänzen. Die Studie zeigt auch, dass „digital“ dort besonders stark ist, wo Inhalte in kleinen Einheiten vermittelt werden und Übungen für die Wiederholung sorgen, die das Gehirn braucht, um sich mit einer neuen Information anzufreunden und über eine Langzeitbeziehung nachzudenken. Vor allem aber bestätigte sie, dass selbst gut gemachte Programme Lehrer nicht ersetzen können (bildungsspiegel.de).

Lernen setzt sich eben aus vielen Elementen zusammen – auch ganz stark aus sozialen Komponenten. Außer, man ist vom Hals abwärts gelähmt, lebt im australischen Outback oder ist gerade dabei, den Mars zu besiedeln, gibt es also keinen Anlass, das digitale Lernen zum Frontmann des Wissenstransfers zu erklären. Als Nebendarsteller dagegen hat es fraglos unschlagbare Qualitäten. Besonders, wenn man 15 ist und gerade „Socratic“ entdeckt hat, eine App, die Mathe-Hausaufgaben lösen kann. ●

Es gibt viele Möglichkeiten, *Karriere* **zu machen, aber die sicherste ist noch immer, in der** *richtigen Familie geboren* **zu werden.**

Donald Trump

Mythos 8
Erfolgreich ist, wer den Erfolg will

Ja, auch der Karrierekosmos hängt voller Glückskeksweisheiten, und nicht bloß Kinder glauben an Märchen. Selbst ziemlich erwachsene und an sich gut ausgebildete Menschen tun es. Sie lassen sich gern davon überzeugen, dass, wo ein Wille ist, auch zwangsläufig eine Karriere kommt und das Leben nichts weiter ist als eine Art Knetmasse, die man beliebig für sich umformen kann. Dabei soll sich der Entschluss zum Erfolg zu Dokumentationszwecken seine Schneisen durch praktisch alle Lebensbereiche schlagen. Auch durchs Schlafzimmer und durch die Küche.

Galt in der Studentenbewegung noch „das Private ist politisch“, dient heute alles Private auch als Aufstiegsbeschleuniger. Man könnte auch sagen: Alles ist Vorbereitung auf den Erfolg, nichts mehr zu unwichtig, um nicht doch irgendwie als Karriereturbo zu taugen. So unterscheiden sich die Verlierer von den Aufsteigern schon dadurch, was sie auf dem Teller haben: Quinoa oder Currywurst. Man isst nicht, was man mag, sondern was einen voranbringen kann, und ist also gehalten, seine Ernährung rund um „Brain Food" zu gestalten. Natürlich ist auch der Sport nicht einfach mehr zum Spaß und für den Gesundheitserhalt da, sondern um vor allem Durchsetzungskraft und Ausdauer zu schulen. Selbst aus unseren Nächten – diesem letzten Hort absoluter Intimität – gilt es nun, das Maximum herauszuholen. In den USA ist es durchaus üblich, dass Konzerne wie Uber oder JP Morgan ihre Angestellten in die Kunst des gekonnten Schlafens einweihen, um das „carpe diem" noch auf „carpe noctem" auszuweiten. Wie sich das auszahlt, zeigt der amerikanische Gesundheitskonzern Aetna, der seinen Mitarbeitern bis zu 500 Dollar zahlt, wenn sie nachweisen, dass sie mehr als 20 Tage am Stück sieben Stunden und länger geschlafen haben.

Wo Schlaf so kostbar ist, braucht er auch seine eigene Hochbegabtenförderung. Es gibt Kuschelroboter, die einen „angenehmen Atemrhythmus simulieren" und „Gewichtsdecken", die zur „völligen Entspannung des Körpers und Nervensystems" beitragen sollen. „Sleeponomics" nennt sich der Wirtschaftszweig der Ein- und Durchschlafhilfen. Rund 21 Milliarden Dollar werden damit derzeit weltweit umgesetzt (Penelope Green, „Sleep ist he New Status Symbol", New York Times, 8. April 2017). Nicht bloß der Schlaf, auch Morgenstund' hat jede Menge Gold im Mund. „Miracle Morning“ heißt das heute. Und soll bei Millionären und Milliardären abgeschaut sein. Zu deren Arbeitsplatzbeschreibung gehört es nämlich angeblich, möglichst wenig zu schlafen und schon in aller Herrgottsfrühe total produktiv zu sein.

Jetzt könnte man einwenden, dass man eine Menge Menschen kennt, die allein aus beruflichen Gründen sehr früh raus müssen und die trotzdem am Existenzminimum herumkrebsen, etwa Bäcker, Busfahrer, Krankenschwestern oder Polizisten. Aber dann müsste man sich anhören, dass es nicht nur aufs Aufstehen, sondern auch darauf ankommt, wie man das Morgengrauen füllt. Ideal ist demnach, sich alle zehn Minuten eine neue Aktivität vorzunehmen – zu meditieren, QuiGong zu machen und sich seine Ziele, Ideen, Vorsätze zu notieren. Wobei ich vor allem den letzten Punkt überzeugend fand. Schließlich wird man nach so viel frühmorgendlichem Gerödel so müde sein, dass man über den Tag ein paar Gedächtnisstützen sehr gut gebrauchen kann.

Klar, dass man aber keinesfalls so aussehen darf, als wäre das alles, was es ist: wahnsinnig anstrengend. Weshalb die Lidstraffung bei Männern die Pole-Position der Beauty-Eingriffe hält. Selbstverständlich ist dagegen gar nichts zu sagen. Und im Prinzip kann es ja nie schaden, zumindest ein fitterer Mensch zu werden, der sich gesund ernährt. Bloß hat der ganze Erfolgs-Zehnkampf auch durchaus tragische Momente. Etwa, wenn man feststellt, dass es entgegen anderslautender Gerüchte kein Naturgesetz gibt, dass wer all das „A" tut, das einem als Karrierebooster angedient wird, auch sicher auf „C", nämlich auf dem Chefsessel, landen wird. Genauso gut könnte man sich Parkplätze beim Universum bestellen oder in der Bundesliga jeden Spieler mit einem Ball ausstatten. Schließlich sieht es das Konzept des Platzhirsches nun mal vor, dass es nur einen geben kann und man in den Vorstandsetagen keine Dixi-Toiletten aufzustellen braucht, weil alle, die alles richtig gemacht haben, automatisch dorthin kommen.

Das Versprechen, dass es eine Erfolgsformel gibt, erfüllt sich bislang noch immer nur vor allem für diejenigen, die es verheißen. Legendär etwa der amerikanische Stahlmagnat und Namensgeber der berühmten Carnegie Hall in New York, Andrew Carnegie. Er fand seine eigene Erfolgsgeschichte so grandios und nachahmenswert, dass er den Journalisten Napoleon Hill damit beauftragte, daraus und aus weiteren Interviews mit 500 anderen Millionären, eine Erfolgsformel zu extrahieren. Das Ergebnis war ein Bestseller mit dem Titel „Denke nach und werde reich“, der sich mehr als 60 Millionen Mal verkauft hat. Die „hilfreiche Anleitung, das eigene Leben in materiellem Wohlstand und mit Erfolg in Beruf und Privatleben zu führen“, brachte aber keinesfalls 60 Millionen neue Millionäre hervor. Zum Glück. Denn sein Erfolg hatte in seinen Stahlwerken Dutzende Arbeiter das Leben gekostet.

Das ist ja überhaupt die Frage: Was ist das eigentlich für ein Erfolg, den alle wollen sollen? Wie hoch ist sein Preis? Wie sieht es mit dem Ertrag aus? Klar ist beispielsweise Geld wunderbar und tatsächlich – das kann man vor allem Frauen nicht oft genug predigen – ein durchaus respektabler und vor allem überlebenswichtiger Gradmesser von Erfolg und Respekt. Andererseits belegen Glücksstudien immer wieder, dass es sich mit der sogenannten extrinsischen Motivation, also jener, die sich ausschließlich aus Belohnungsquellen von außen speist – aus Firmenwagen, Montblanc-Füllern oder maßgeschneiderten Anzügen –, wie mit leeren Kalorien verhält. Nie wird man wirklich satt, immer muss man noch mehr davon haben und bleibt doch weiterhin hungrig. Ganz anders die intrinsische Motivation, bei der schon der Weg das Ziel ist und man tut, was man mag. Auch das ist schließlich ein großer „Erfolg", selbst wenn auf der Forbes-Liste der reichsten Männer der Welt dieses Kriterium leider unberücksichtigt bleibt.

Für die überwiegend meisten von uns ist aber auch diese Art von Erfolg genauso unerreichbar wie die Spitzeneinkommen der Elite. Wir arbeiten einfach für unseren Lebensunterhalt – unsere Motivation ist es, damit genug Geld für unsere Familien und uns zu verdienen – und natürlich auch ein bisschen für den Spaß, den man sich damit finanzieren kann. Damit könnte man dann ganz zufrieden sein, gäbe es da nicht die Botschaft, dass noch viel mehr drin sein müsste. Dass wir dieses „Mehr" ganz sicher schaffen, wenn wir es nur richtig wollen. Und auch, dass dieses „Mehr" mit mehr Freiheiten und weniger Zwängen einhergeht. Aber schaut man sich die De-Luxe-Hamsterräder an, so drehen die sich nicht etwa langsamer, je größer sie sind, sondern vielmehr schneller. Wenn man nicht gerade Jeff Bezos oder Bill Gates ist, ist nach oben ja immer noch Luft – besitzt immer noch jemand mehr, mehr Firmenanteile, mehr Häuser, mehr Feriendomizile, mehr Prestige.

Nie ist da dieser Punkt, wo man sagen könnte, „es ist genug". Immer wird man wie Bernhard Fokke, der Fliegende Holländer, auf einem Meer an Optionen dahinsegeln, ohne Aussicht, jemals im Hafen der Zufriedenheit anzukommen. Jedenfalls, wenn man nicht für sich selbst eine eigene Definition dafür findet, wie der persönliche Erfolg auszusehen hat. Ein Erfolg, der sich gut anfühlt, der stimmig ist und angepasst an die eigenen Möglichkeiten. Der aber auch berücksichtigt, was die überwiegend meisten Erfolgsrezepte und also auch Karrieremythen nonchalant unter den Tisch fallen lassen: dass der Teil unseres Lebens, den wir wirklich steuern können, sehr viel kleiner ist als behauptet. Dass die richtig großen Karrieren immer noch Familienangelegenheiten sind und wie Augenfarbe, Blutgruppe oder Musikalität vererbt werden.

Und das ist nicht das einzige, das die vermeintliche Macht reiner Willensanstrengung doch empfindlich schmälert. Es sind auch all die Schicksalsmächte, die da oft so ungnädig walten. Allein Corona dürfte da eine große Enttäuschung für all jene gewesen sein, die glauben, dass sich die Siegerstraße allein mit einem „Yes, I can!" mühelos zur vierspurigen Autobahn ausbauen lässt, damit alle darauf fahren können, die nur bereit sind, die Maut in Form von Coachings, Karriereratgebern, Beauty-Operationen, Fitness-Centern und Bio-Food zu bezahlen. Diese Art von Erfolgsversprechen sind wie windige Versicherungsvertreter, die frei nach Bill Gates auch kluge Leute dazu verführen, zu glauben, dass sie nicht verlieren können. Mit bösen Folgen. Denn wo alles Wille sein soll, ist auch alles Versagen und persönliches Scheitern, wenn die Rechnung einmal wieder wegen zu vieler Unbekannten nicht aufgehen mag. Was mit ziemlich hoher Wahrscheinlichkeit der Fall sein wird.

Das sagt jedenfalls auch der Philosoph Christian Neuhäuser. Er meint, strukturelle Verhältnisse würden dafür sorgen, dass es so was gibt „wie quasinatürliche Monopole, Winner-Takes-It-All-Ökonomien". Leistung, Qualität und Talent würden sich dabei nicht im gleichen Verhältnis in Erfolg und Rendite widerspiegeln, sondern der Erfolg würde sich auf wenige „Superstars" konzentrieren. So wie auf dem Musikmarkt, auf dem es sicher bessere Folksänger gibt oder wenigstens mindestens genauso gute wie etwa Bob Dylan, der aber offenbar zur richtigen Zeit am richtigen Ort war. Oder Jeff Bezos, „der war halt mit Amazon ein bisschen schneller als die anderen.

Glück gehabt!“ Erfolg für alle ist einfach eine Illusion – wenn es für alle dieselbe Art von Erfolg sein soll.

Wenn man möchte, dass jeder gleiche Chancen hat, dann muss man einen anderen Erfolg anstreben – eine Gesellschaft nämlich, in der jeder seine Talente optimal entfalten kann, in der Handicaps ausgeglichen werden und jeder die Förderung erhält, die er braucht. Kurz: in der die Trauben gerade so hoch hängen, dass man mit einer realistischen Anstrengung auch heranreicht. Dann kann jeder nach seiner eigenen Fasson seine eigene Erfolgsgeschichte schreiben. Das wäre dann das Ende der Karrieremythen, aber gerade deshalb mal ein wirklich vielversprechender Anfang. ●

Die Autorin

Constanze Kleis studierte Soziologie und Erziehungswissenschaften in Frankfurt am Main und begann nach dem Diplom als Journalistin zu arbeiten. Zunächst als Redakteurin beim Burda-Verlag in München und später als Textchefin bei Prinz Frankfurt. Seitdem arbeitet sie als freie Autorin für Frauenmagazine, aber auch für Tageszeitungen wie die Frankfurter Allgemeine Zeitung. Sie hat außerdem bislang mehr als 20 Bücher geschrieben. Viele davon, als Co-Autorin mit Susanne Fröhlich verfasst, wurden SPIEGEL-Bestseller. Die beiden waren außerdem gemeinsam für den Deutschen Buchpreis nominiert.

Constanze Kleis lebt mit ihrem Mann in Frankfurt. Der für sie bislang hilfreichste Karrieretipp stammt von Erich Kästner und lautet: „Es gibt nichts Gutes, außer, man tut es.“